AF602416

NOTICE

SUR LES VIGNOBLES

DE LA TOURAINE ET DE L'ANJOU,

OU

HISTOIRE D'UNE BARRIQUE DE VIN,

DEPUIS LE MOMENT OU LA VÉGÉTATION SE MET EN MOUVEMENT POUR LA PRODUIRE, JUSQU'A CELUI OU ELLE VA ÊTRE DÉBITÉE DANS UN CABARET DE PARIS.

PAR M. DU PETIT-THOUARS,

PROPRIÉTAIRE DE VIGNES DANS LES DEUX PROVINCES,
MEMBRE DU CONSEIL GÉNÉRAL DU DÉPARTEMENT D'INDRE-ET-LOIRE.

SECONDE ÉDITION,

REVUE ET AUGMENTÉE DE PLUSIEURS FAITS ÉGALEMENT HISTORIQUES.

In vino veritas.

PARIS,
ALEXANDRE MESNIER, LIBRAIRE,
PLACE DE LA BOURSE.
H. FOURNIER J^e, RUE DE SEINE, N° 14.

1829.

TABLE DES CHAPITRES.

CHAPITRE PREMIER.

QUELQUES NOTIONS PRÉLIMINAIRES.

L'ARPENT du pays contient 1736 toises carrées, par conséquent trois arpens font à peu près deux hectares. L'arpent contient 5400 ceps.

L'arpent produit, terme moyen, six barriques et demie. La barrique contient 230 à 240 bouteilles ou deux hectolitres et demi.

L'imposition foncière peut être, terme moyen, de 8 à 9 fr. par arpent, ce qui supposait, dans le temps, un revenu net de 40 fr. par arpent, ou 8 à 10 fr. par barrique.

Il faut dire ici, pour répondre à certaines allégations, que dans ce temps les conseils municipaux seuls furent chargés de faire la répartition de cette imposition dans leurs communes entre les différentes cultures, et ce fut seulement sur l'exagération ou l'omission des contenances que purent porter leurs erreurs ou leurs injustices, ou encore sur de grands domaines appartenant au roi, au clergé ou à de grands propriétaires, et non sur l'évaluation respective des différentes cultures; cette évaluation ainsi que les classifications et les tarifs furent faits en conscience, quant à leurs relations entre elles. Ainsi, dans ce temps, le fisc n'existant pas, les vignes furent estimées proportionnellement aux autres cultures, et, de là, elles reçurent également leur quote-part proportionnelle de cette imposition; mais depuis que le fisc s'est placé entre la cave du propriétaire et la porte du cabaret, et même la porte des ménages qui achètent le vin, il se trouve que le gouvernement a presque tout le revenu, et que le propriétaire n'a pour lui à peu près que les peines et l'impôt foncier à payer. C'est bien là le singe qui fait tirer les marrons du feu par le chat. En effet, en se figurant un moment l'action des griffes du chat dans son opération, on a aussitôt l'idée de celle du fisc dans les siennes.

> Nos galans y voyaient double profit à faire,
> Leur bien premièrement, et puis le mal d'autrui.

(On verra ci-après à qui appartiennent les amendes et les confiscations.)

Depuis long-temps les propriétaires de vignes auraient pu répéter au ministre ce mot si connu : « Monseigneur, » vous prenez notre argent dans nos poches. » — *Où voulez-» vous que nous le prenions?* »

Cette réponse, jusqu'à présent implicitement renfermée dans les faits et gestes du fisc, vient d'être très-explicitement prononcée à la tribune. « L'État a-t-il besoin de » 90 ou 100 millions que lui procure la loi sur les bois-» sons? Il suffit de poser cette question pour qu'elle soit » résolue d'elle-même : *question fondamentale.* »

Remarquez bien qu'il ne s'agira ici que des vins blancs et rouges qui s'enlèvent annuellement dans l'Anjou et la Touraine pour venir approvisionner les cabarets de Paris. Ceux-ci absorbent les produits des trois quarts des vignobles de ces deux provinces; ceux de qualité supérieure s'enlèvent ordinairement pour la Mayenne, la Flandre ou la Belgique.

La barrique de vin qui va faire le sujet de cette histoire se vend, année moyenne, aux commissionnaires de Paris, savoir : le blanc de 20 à 24 fr., et le rouge de 30 à 35 fr. Les vins blancs étant les plus nombreux, je les estimerai ici, les uns dans les autres, 26 fr. la barrique; on peut bien dire à la lettre « les uns dans les autres », puisqu'il ne se vend guère que des vins rouges dans les cabarets de Paris.

Avant d'écrire l'histoire de cette barrique, je déclare ici que je n'ai aucune intention hostile contre le gouvernement essentiellement constitutionnel du roi; au contraire, je suis prêt à faire tous les sacrifices pour sa stabilité; c'est-à-dire que, quoiqu'il s'empare de la presque totalité de mon revenu vignoble, je le lui abandonne tant qu'il en aura besoin pour se défendre contre les atteintes portées journellement au trône et à la légitimité; persuadé que s'il survit à tout cela, son premier sentiment sera celui de la justice distributive.

D'ailleurs, tant qu'un impôt existe, tout bon citoyen doit s'y soumettre; en secouer le joug serait la subversion de l'ordre social.

Nos princes ont dit, en rentrant en France : Plus d'impôts vexatoires, plus de droits réunis. En conséquence, la Charte octroyée aux Français par le roi lui-même, dit : *Tous les impôts seront supportés indistinctement par tous les Français dans la proportion de leur fortune.*

Peut-être me serais-je fait un peu de scrupule en attaquant les droits réunis, si leur invention n'en appartenait pas à l'administration de Bonaparte, si leur continuation n'était pas le fait de mauvais conseillers de la couronne, si dans cette attaque je n'étais pas en parfaite harmonie avec la Charte constitutionnelle, et si enfin un de nos princes n'en avait pas promis l'abolition; ainsi si je suis d'accord avec la Charte, avec les sentimens de notre bon roi, les libéraux comme les royalistes ne peuvent rien me reprocher.

Et malgré ces paroles si solennellement prononcées par nos princes, et écrites si positivement dans la Charte, l'impôt *vexatoire*, les droits réunis existent, se prélèvent toujours !

Remarquez ici que le mot vexatoire s'applique plutôt à l'inégale repartition de l'impôt, qu'à sa quotité.

Ainsi près de 2 millions d'hectares plantés en vignes, sur 52 appartenant à toutes les cultures, et 5 millions d'individus qui se les partagent, se trouvent payer entre eux à peu près 130 millions tout compris, ce qui est plus que la moitié de la contribution foncière, dont déjà, anciennement et encore, les vignes paient leur quote-part.

L'impôt sur les boissons rapporte au gouvernement 100 millions, et aux octrois des villes à peu près 30 millions, total 130 millions. Je réunis ici dans un même chiffre ce que perçoivent le gouvernement et les octrois des villes, parce qu'il est égal pour ma barrique, puisqu'il faut qu'elle soit pillée, qu'elle le soit par Pierre ou par Jacques, toujours armés de sabre, de pistolets, ou de plumes (1).

22 millions au moins de ces 130 millions de recette, sont employés à payer une armée de 17 mille employés avec leurs états-majors.

La vigne se cultive plus ou moins dans 40 départemens.

Il peut se récolter en France 40 à 45 millions d'hectolitres de vin, ou 18 millions environ de barriques jauge moyenne.

Sur 52 millions d'hectares dont se compose la surface de la France, 1,800,000 sont plantés aujourd'hui en vignes. On avoue généralement que près de la moitié des vins se consomment en fraude, et échappent ainsi à l'avidité du fisc.

La barrique de vin, qui ne se vend sur les bords de la Vienne et de la Loire, terme moyen, depuis plusieurs années, que 26 fr., se vendait, lorsque les droits réunis n'existaient pas, de 35 à 40 fr. Cette différence de 10 à 12 fr. pouvait, dans certaines années, faire le revenu réel du propriétaire.

CHAPITRE II.

REVENU NET DU PROPRIÉTAIRE.

Pour bien faire connaître l'histoire de ma barrique voyageuse, je vais d'abord la traiter en grand, c'est-à-dire la réunir un moment à la masse de nos vins parisiens. Pour savoir, en prenant le terme moyen, ce qu'elle vaut réellement au propriétaire après avoir payé ses frais de culture, les frais de son voyage, le profit des marchands et détaillans, et après avoir satisfait à l'avidité du fisc.

Je suppose un clos de dix arpens. Ce clos, à six barriques et demie par arpent, aura produit 65 barriques, qui, à 26 fr., comme il a été dit, donnent la somme de 1690 fr., ci. . . . . 1690 fr.

Voyons quels auront été ses frais.

FRAIS.

	fr.	c.	
1° Culture ordinaire de l'arpent, marchandé au vigneron 30 f. l'arpent (10 arp.)	300		
2° L'aiguisement, le plantage, le relevage de l'échalas, l'osier, l'accolage de la vigne, marchandés au vigneron (10 arpens).	90		
3° Renouvellement tous les cinq ans des échalas, supposés ici en tout autre bois que le bois de chêne, qui est le plus cher, terme moyen par arpent 18 fr. (10 arpens).....	180		
4° Frais de vendange, à 2 fr. 50 cent. la barrique	162	50	1626 f. 25 c.
5° Entretien nécessaire de la vigne par les fumiers, deux voitures par arpent à 8 f. (10 arpens)	160		
6° 600 provins par arpent, à 5 fr. le cent.	30		
7° L'impôt foncier, à 7 fr. par arpent (10 arpens)	70		
8° Achat de 65 barriques à 9 fr........	585		
9° Transport de la barrique à l'embarcation, depuis 60 c. jusqu'à 3 fr. suivant les distances, à 75 c. terme moyen (65 bar.).	48	75	

Reste net. 63 75

Ainsi il est évident que la barrique de vin qui va être l'héroïne de mon histoire n'a pas rapporté tout-à-fait un franc. Cependant je concède aux difficiles que cette barrique a rendu réellement à son propriétaire 20 sous de revenu net; et puisque les concessions sont à la mode, je leur concéderai encore la distraction que j'ai eue de ne pas relater dans le tableau ci-dessus bien d'autres frais, tels que l'entretien des caves, cuves, pressoirs, et tout le mobilier nécessaire pour la récolte des vins, et enfin l'oubli que j'ai fait de l'obligation où se trouve le propriétaire de donner par arpent au vigneron une barrique de piquette ou 3 fr. d'indemnité.

Malgré tous mes efforts pour faire au propriétaire un revenu net de 20 sous par barrique, et en même temps avoir un point de départ pour commencer mon histoire, je pense que bien des gens ignorans du fond des choses (et ils sont nombreux) me diront : Vous n'avez pas porté à un prix assez élevé (26 fr.) la vente de votre barrique; vous avez tablé sur les trois dernières années, qui ont été ou trop abondantes ou de qualité médiocre. Je leur répondrai : Prenez les douze dernières années, ôtez les deux plus fortes et les deux plus faibles, faites ensuite sur les registres des négocians et des commissionnaires un relevé des huit années restantes; si le prix moyen des vins blancs et rouges enlevés annuellement pour Paris dépasse 26 fr. la barrique, alors seulement j'aurai tort: jusque-là je ne puis entendre à aucune contradiction, puisqu'elle ne peut être qu'une vaine allégation quand on parle sans savoir.

Je ne crains point cette vérification; au contraire, je la désire, car bien certainement son résultat porterait le terme moyen plutôt au-dessous qu'au-dessus du prix que je donne à cette barrique.

Cependant pour que le budget de mon clos de vigne

paraisse avoir le sens commun, c'est-à-dire pour que la recette dépasse tant soit peu la dépense, je consens à admettre le revenu net de 20 sous.

En cela il sera bien différent d'autres budgets, où les extravagances et les prodigalités font que les dépenses outre-passent toujours les recettes. On ne pense en France qu'à égaler les recettes aux dépenses, et jamais les dépenses aux recettes, et, en bonne économie politique et financière, ce devrait précisément être le contraire.

Le moyen? dira-t-on. Le voici, du moins autant que le bon sens et la justice l'enseignent.

Il se prélève en France supposons le milliard obligé. Otez les 100 millions qui se perçoivent en plus sur les vignes, et répartissez-les au marc le franc, en attendant mieux, sur toutes les autres matières imposables existantes aujourd'hui, les vignobles compris; alors seulement vous serez justes et d'accord avec la Charte. Faites mieux encore, trouvez des moyens de remplacement : je les crois faciles. Voyez mon V[e] chapitre.

CHAPITRE III.

LA CURÉE DE LA BARRIQUE.

VOYONS ce que chacun y prend ou y pille pendant son trajet. Jusqu'ici cette barrique vaut pour son propriétaire, encore éventuellement, 1 fr.; elle va en valoir 26 pour le négociant, si toutefois il vous fait la grace de venir chez vous la marchander; car, dans l'état actuel des choses, les énormes droits du fisc mettant tout le monde à la ration, la consommation n'est pas en raison de la population, et la plus grande partie des vins restent invendus dans les caves des vigniculteurs. Cependant poursuivons; il me suffit qu'il y ait une barrique de vendue à 26 fr. pour continuer son histoire.

Quelqu'un qui tomberait des nues dans un cabaret de Paris, sachant d'ailleurs que cette barrique n'a valu que 20 sous à son propriétaire, et qui en verrait faire le débit à 14 et 15 sous la bouteille, ce qui porte sa valeur à 168 f., en deviendrait fou, tant il serait loin de comprendre comment cela a pu se faire.

Or le voici : Ma barrique, qui a beaucoup vu, et par conséquent beaucoup appris pendant son voyage sur la Loire, même voyage que fit autrefois Ververt, et qui, comme lui, est devenue un peu bavarde, va tout dire ici.

D'abord ce qui est légitime :

1° La barrique, arrivée au lieu de son embarcation, a valu pour le négociant, comme on a vu..................	26 fr.
2° Les frais de son voyage jusqu'au cabaret dans Paris...	13
3° Profits de tous ceux entre les mains de qui elle a passé, commissionnaires, négocians, dépositaires à la Rapée, leurs manœuvres, cabaretiers, etc., et puis le déficit occasioné par le soutirage à la charge du négociant, consommation en route, tant naturelle que par l'obligation où elle est de désaltérer tout le monde, le rebattage, et enfin le chapitre des accidens. Ensemble..........................	40
Total de ce qui est à peu près légitime....	79 fr.

Ma barrique au terme de son voyage, dans le cabaret de Paris, se trouverait donc avoir une valeur réelle de 79 fr., ou 7 sous la bouteille, sans les droits réunis. (Ici commence ce qui est illégitime.) Et avec ces malheureux droits elle en acquiert aussitôt une de 168 fr., ou 14 et 15 sous la bouteille; différence 89 fr., que je réduis encore à 80 fr. pour toujours être généreux dans la lutte que j'ai entreprise : il est vrai que j'ai de la marge. Et qui est-ce donc qui s'approprie ces 80 fr. ? C'est le fisc; toujours le fisc; il prend partout, directement et indirectement, et, d'après la Charte, très-illégitimement.

Ici exclamation générale. Comment cela se peut-il ?

Le voici : la grande curée va commencer, après que le propriétaire a pris son revenu, que les frais du voyage auront été payés, et que chacun a pris son profit légitime. Je ne puis mieux donner l'idée de cette curée, qu'en énumérant ici tout ce qui se réunit pour former la meute vorace. Congés, acquits à caution, passavans, octrois, droits d'entrée, droit de navigation, licences du détaillant, du bouilleur, du propriétaire, s'il veut vendre son vin en détail, patentes des négocians et de leurs commissionnaires, même du tonnelier (car s'il n'y avait pas de vin, il n'y aurait pas de barriques, et s'il n'y avait pas de barriques il n'y aurait pas de tonnelier, dirait M. de La Palisse); et enfin le décime de guerre et l'imposition foncière, dont ma barrique paie sa petite quote-part partout où elle séjourne depuis sa naissance jusqu'à sa fin.

Cependant comme il peut y avoir quelques erreurs ou doubles emplois dans cette immense nomenclature de droits, je réduis, comme on vient de le voir, la part du gouvernement à 80 fr.; son profit sera encore assez beau, comparé au mien. Au reste, au bout de mon compte, cela ne fait rien à la vérité, qui reste une; c'est que ma barrique ne m'aura jamais rapporté qu'un franc. Je défie le gouvernement de me prouver le contraire, terme moyen, pris, comme je l'ai dit ci-dessus, sur les douze dernières années, ôtant les deux plus fortes et les deux plus faibles.

J'observe encore ici que je n'ai porté dans aucune ligne de mon compte avec le gouvernement les gros profits qu'il doit faire au moyen des saisies, confiscations et amendes qui surveillent et attendent partout la malheureuse barrique, pour peu qu'elle n'ait pas marché *droit* son chemin, pour peu qu'elle se sépare de la caravane dont elle fait partie, et pour peu qu'elle mette plus de temps en route qu'il ne lui en a été assigné (2).

Mais revenons à notre voyageuse, qui vient d'arriver à Paris soit dans un modeste ménage, soit dans un cabaret, non pas probablement saine et sauve. Semblable à la fiancée du roi de Garbe, comme elle, elle a été long-temps en route, comme elle, elle a changé souvent de mains, et partout elle aura nécessairement désaltéré tous ceux qui se sont occupés d'elle; aussi ne doit-elle pas arriver très-pure jusqu'au gosier de l'ouvrier ou du cocher de fiacre. Heureuse encore, quand en remontant la Loire elle n'a été que baptisée, et si en arrivant au cabaret elle n'est pas droguée.

Veut-on monter plus haut que le cabaret? montez chez un restaurateur. Que de gens n'y verra-t-on pas, à la moitié de leur dîner, lever en l'air leur bouteille de vin, qu'on leur sert toujours pleine pour les tenter, pour voir s'ils n'en ont pas déjà bu plus de la moitié, afin de s'arrêter à temps, et de ne payer que 15 sous au lieu de 30. Prix exorbitant pour du vin d'ordinaire, provenant sans doute autant du peu de conscience des droits réunis que de celle du restaurateur.

Ainsi, dans cet état de choses, le prix excessif des vins et leurs qualités altérées mettant nécessairement tout le monde à la ration, empêche partout la consommation.

Ce serait bien pis sans la fraude qui, affranchissant près de la moitié des vins des droits du fisc, met cette moitié à un prix raisonnable, plus à la portée de tout le monde, et en augmente ainsi d'autant la consommation. Jugez ce qu'il en serait s'il n'y avait plus de droits réunis.

Par exemple alors les soldats, les matelots, espèce d'hommes jeunes et vigoureux, n'en pourraient-ils pas avoir une ration comme ils en ont une de pain? *Vinum bonum lætificat cor hominis.* En supposant deux hectolitres par homme, la dépense annuelle n'en pourrait jamais être pour eux que de 10, 12 ou 15 fr. au plus. Dépense à laquelle il serait si facile de pourvoir par la suppression de celle, entre autres, si luxueuse et si peu militaire des pantalons blancs et de leur savonnage. Il n'y a pas de petites maîtresses plus soignées.

Si un modeste ménage (et ils sont nombreux en France) ne peut mettre par an que 40, 50, 100 fr. dans le vin qu'il consomme avec sa famille, ses commis ou ses ouvriers, qu'il est obligé de rationner tous les jours en présence du fisc, ne s'en consommerait-il pas le double, le triple en son absence?

Enfin si le manœuvre, le journalier, le Savoyard ne peuvent prendre sur leurs journées pour leur boisson, en province que 3 ou 4 sous, et à Paris que 6 ou 7, c'est-à-dire ne boire qu'une demi-bouteille, n'en boiraient-ils pas le double, le triple, si les droits du fisc n'en doublaient, n'en triplaient pas partout la valeur? Enfin combien de malheureux qui ne boivent pas de vin en boiraient?

Ainsi tout pourrait se consommer, l'immoralité de la fraude disparaîtrait, et l'allégation qui passe par tant de bouches béantes (on a trop planté de vignes) tomberait, surtout devant les relevés qui en ont été faits. Par ces relevés on voit que depuis vingt-cinq ans ces plantations ont à peine augmenté d'un neuvième; et encore peut-être dans cette observation n'a-t-on pas pensé à déduire tout ce que le caprice du propriétaire ou la caducité des vignes fait arracher annuellement. Toujours est-il que dans nos deux provinces je vois perpétuellement brûler des ceps arrachés, qui, par parenthèse, font de bien bons feux.

Je ne quitterai pas ce chapitre, où la massue du fisc joue un si terrible rôle, sans faire observer que ma pauvre barrique, et celles qui se trouvent dans la même catégorie, en sont encore plus assommées que tout autre à leur entrée dans Paris.

Toute barrique, de quelque origine qu'elle soit, paie au fisc 55 fr.; c'est pour la nôtre plus du double de sa valeur; tandis qu'une barrique de même jauge, que le même marchand aura achetée ailleurs, supposons 200 ou 300 fr., ne paiera à ce fisc que le quart ou le sixième de sa valeur. Voilà la justice des droits réunis; ils vous disent à cela : C'est impossible autrement. Est-ce bien vrai? alors c'est preuve qu'ils sont dans l'absurde et dans l'injustice jusqu'au cou, et je les défie de s'en tirer après cette année, au bout de laquelle il faut, d'une manière ou d'une autre, qu'ils rendent le dernier soupir (3). Payons jusque-là, parce qu'avant tout il faut que le gouvernement marche; jusque-là il a le temps de préparer notre rentrée dans les voies de la justice et de la Charte.

CHAPITRE IV.

RÉPONSES OU RÉPLIQUES A DE NOMBREUX *on a dit.*

Je ne nommerai pas ici les masques; ceux qui voudront savoir leurs noms les reconnaîtront facilement en lisant les rapports et les discours prononcés à la tribune, les journaux de toutes nuances, ou tous autres pamphlets, et enfin en se rappelant les allégations mises en avant par les ministres.

On a dit que le prix moyen, de 26 fr., auquel je portais ma barrique de vin, n'était pas assez élevé, et que celui que je donnais au fût (9 à 10 fr.), l'était trop.

Réponse. Je répéterai : ces assertions tombent devant des chiffres, devant des marchés faits à forfait, et enfin devant des relevés de douze années faits sur les registres des négocians.

On a dit qu'on avait trop planté de vignes.

Réponse. D'abord, qu'est-ce que cela vous fait? Pourquoi vous mêler de nos affaires? Le propriétaire a au moins l'esprit de ses intérêts, ce grand docteur qui ne trompe jamais son maître; soyez sûr que lorsque tant de droits qui se réunissent sur lui pour l'hébêter auront disparu, s'il ne trouve pas à vendre ses récoltes, il se hâtera bientôt d'arracher ses vignes. Jusque-là il prend patience; son instinct lui dit qu'il est impossible que vos droits subsistent longtemps; et jusque-là, dis-je, à moins que vous ne vouliez vous moquer de lui, vous n'avez pas le droit de lui dire : Vous avez *trop planté ;* surtout quand à ce langage un peu despotique vous joignez l'ignorance du fond des choses. Et puis d'ailleurs est-il bien vrai qu'on ait trop planté? La statistique de la France vous dit que sa surface se compose de 52 millions d'hectares; qu'en 1805, il y en avait de planté en vignes 1 million 660 mille, et qu'en 1825, il s'en trouvait de planté 1 million 800 mille; partant ce serait d'un neuvième environ que les plantations de vignes se seraient augmentées. En vérité cela vaut-il la peine d'en arguer, surtout quand il s'agit de justifier le fisc, lorsque, par son innombrable cumulation de droits, il s'empare de la presque totalité de la valeur d'une barrique de vin.

On a dit encore que le malaise des propriétaires de vignes tenait à la surabondance de trois années consécutives.

Réponse. Quoi ! parce que le ciel favorise notre sol aussi largement, est-ce une raison, d'aises que seraient 32 millions d'habitans de boire une boisson si salutaire, si aimable, de leur occasionner le *malaise dont ils se plaignent* en en mettant la moitié à la ration, et en en privant en grande partie l'autre moitié? Ceci ressemblerait à la stupidité d'un capitaine de vaisseau qui, parce qu'il aurait trop de vivres à bord, mettrait tout son équipage à la ration.

On a dit que les propriétaires de vignes s'alarmaient mal à propos, que l'engorgement de leurs récoltes dans leurs caves appartenait à tout autre cause qu'aux taxes indirectes.

Réponse. Un propriétaire de l'Anjou ou de la Touraine aura récolté 400 barriques de vin; deux marchands de Paris, y demeurant vis-à-vis l'un de l'autre, sont venus lui en acheter chacun 200; l'un fait arriver le sien dans ses caves, et a payé au propriétaire le prix convenu et les frais du voyage; l'autre en a fait autant, et en outre a satisfait à toutes les exigences du fisc; le premier aura pu livrer son vin à 7 sous la bouteille, et l'autre, sous peine de se ruiner, ne peut livrer le sien qu'à 14, 15 et 16 sous. Je le demande, laquelle des deux caves restera vide ou engorgée.

On a dit que les plaintes générales des propriétaires de vignes étaient une conspiration contre l'impôt:

Réponse. Ceci est une grande calomnie; si quelques-uns de ces propriétaires qui se trouvaient à Paris se sont réunis quelquefois pour rédiger leurs doléances dans les termes les plus convenables, les plus respectueux, on peut même dire avec éloquence, on n'a pas le droit de leur rien reprocher. Tant qu'ils ne s'organiseront pas en comités avec des réglemens et des statuts, ils restent dans leur innocence.

On a dit que les impôts indirects n'empêchent pas la consommation.

Réponse. Ce n'est pas moi qui la fais, c'est le rapporteur de la commission : « La consommation a diminué » quand le prix du vin a augmenté ; elle a augmenté quand » le prix du vin a diminué. »

On a dit que, d'après la loi proposée, l'impôt sur les boissons serait allégé de 16 millions.

Réponse. Ici le gouvernement n'est pas dégoûté : s'il fait sonner bien haut un prétendu sacrifice de 16 millions, il demande aussitôt deux dispositions législatives qui doivent en faire rentrer dans ses coffres 40 ou 45.

Et voici comment. Il est convenu, d'après tous les rapports, que près de la moitié des vins se consommaient en fraude ; mettons un tiers, pour toujours placer le gouvernement, dans ma lutte avec lui, sur le terrain le plus avantageux.

Il peut se récolter 45 millions d'hectolitres de vin en France ; par conséquent 15 millions au moins s'y consomment en fraude.

Ainsi, si les 30 millions d'hectolitres sans fraude rendent aujourd'hui au fisc, tout compris, 130 millions, combien 45 millions également sans fraude, désormais lui en rendront-ils ? Ce doit être, suivant la règle de trois (pour celle-là, elle ne trompe pas), 190 millions, sur quoi, en en ôtant 16 qu'il *sacrifie*, il lui en restera 174 à percevoir au lieu de 130, partant 44 millions de gain pour lui.

Voilà le sacrifice que le gouvernement se propose de faire aux *justes réclamations* des propriétaires de vignes. C'est ainsi qu'elles sont qualifiées aux Chambres et par les ministres eux-mêmes; mais ceci n'est pas ce qu'il y a de plus curieux dans ce que le gouvernement se propose de faire; il faut voir comment il veut s'y prendre pour empêcher *complètement* la fraude.

Dans l'état actuel des choses, les droits réunis ont à leur service 17 mille employés, et pour empêcher *complètement* la fraude, les ministres demandent aux Chambres une adjonction à ces 17 mille employés de plus de 150 mille hommes armés, savoir : toute la gendarmerie, tous les gardes champêtres, tous les gardes forestiers, et tous agens étrangers aux contributions indirectes, etc..... Apparemment que le rapporteur de la commission en aura fait le calcul, car il a déclaré à la tribune « que les droits réunis, au lieu d'avoir à leur service » deux agens par canton, en auraient trente. »

On a dit que le produit de la vigne était un revenu d'industrie.

Réponse. On n'avait pas d'autre but, par cette allégation, que d'en arguer pour dire que les impôts indirects tombaient sur le consommateur et non sur le propriétaire. Cela serait tout au plus vrai s'il se consommait autant de vin à 15 sous la bouteille qu'il s'en consommerait s'il n'était qu'à 6 ou à 7, comme le contraire est démontré par l'expérience, et plus encore par le sens commun, s'il est évident que tout ce qui se prélève par le fisc sur une barrique au-delà du prix de sa vente, des frais, de son voyage et des profits des négocians et cabaretiers, tombe sur le propriétaire, en ce que, faute de consommation, il est obligé de livrer son vin au plus vil prix, ou d'en laisser ses celliers engorgés.

D'ailleurs n'est-ce pas une escobarderie que de vouloir faire du revenu de la vigne un revenu d'industrie ? Ne se laboure-t-elle pas comme une terre à blé ? Ne se taille-t-elle pas périodiquement comme d'autres coupes de bois ? Sa récolte ne s'en fait-elle pas en deux ou trois jours comme celle du blé ? Son sarclage ne sert-il pas à nourrir les bestiaux de la ferme comme d'autres pâtures ? Et enfin ne faut-il pas même beaucoup plus de soins et d'industrie pour nettoyer le blé que pour faire le vin ? Ainsi, jusqu'à ce que vous ayez trouvé le moyen de remplacer par une machine à vapeur la main-d'œuvre que nécessite la récolte du vin, vous n'avez pas le droit, sous peine de mauvaise foi, d'appeler le revenu de nos vignes un revenu d'industrie. Enfin, je vous le demande, si, allant à votre vigne, vous rencontrez par hasard un laboureur, un vigneron, un faucheur ou un bûcheron, et que vous vous avisiez de les appeler des industriels, certes ils ne vous comprendront pas : heureux encore s'ils ne croient pas que vous leur dites des sottises, et qu'ils n'aient leurs outils en main.

Dans le tableau général des douanes, le gouvernement distingue essentiellement les produits *naturels* des produits *d'industrie.*

Produits naturels.

Produits nécessaires à l'industrie.

Objets de consommation naturelle.

Objets manufacturés.

Et quand il est question de vin, ce produit *si naturel* (toutefois si l'on ne pense pas aux vins fabriqués à la Chaptal), le gouvernement confond tout pour avoir le droit d'imposer les vigniculteurs à double titre. Pour la contribution foncière ils sont quadrupèdes, et, en outre, oiseaux pour les droits réunis qui ne cessent de les plumer tant qu'il leur reste une plume à arracher.

On a dit qu'il n'y avait que les impôts indirects pour pouvoir atteindre les capitalistes.

Réponse. Voyons comment on les atteint. Il ne faut pas perdre de vue que les impôts indirects pèsent également, proportion non gardée, sur toute espèce de vins, quels que soient leurs qualités et leur prix.

Ce que vous appelez la classe des capitalistes comprend sans doute tout ce qui existe dans une ville, depuis le plus riche banquier jusqu'au moindre ouvrier.

Supposez un moment que tous les individus qui forment cette classe, consomment chacun une bouteille de vin par jour, que celle du banquier lui aura coûté 2 ou 3 fr. et celle de l'ouvrier ne lui aura coûté que 10 sous; supposez encore que l'impôt prélevé par le fisc se trouve être de 5 sous par bouteille, il s'ensuivra de là que l'ouvrier lui aura payé la moitié de la valeur de ce qu'il a consommé, tandis que le banquier ne lui en aura payé que la huitième ou douzième partie.

Et cette manière d'atteindre le capitalisme se présente encore plus injuste et plus extravagante sous un autre aspect. C'est que les 5 sous que l'ouvrier vient de payer d'impôt forment la dixième partie de son revenu quotidien (50 sous à peu près), qu'encore il a gagné à la sueur de son front, tandis que pour le banquier le même impôt n'est pas peut-être la millième partie du sien, qu'il touche souvent sans autre peine que de mettre un zéro de plus après tels chiffres : encore, comme dit Turcaret, le fait-il mettre souvent par son premier commis.

On a dit : « Le vin n'obtient de valeur réelle que comme

» matière imposable ; s'il n'existait aucun impôt sur les » vins, il en résulterait que le vin serait sans nulle valeur, » et les propriétaires de vignes seraient encore plus à » plaindre qu'aujourd'hui. »

Réponse. Vous ne l'entendez pas, citoyens propriétaires de vignes, ce galimatias double; puisque celui qui l'a fait ne l'entend pas sûrement lui-même; mais vous le lisez textuellement page 13 d'une très-petite brochure qui vient de paraître.

ON A DIT à la tribune : « Il n'y a aucun impôt, quel qu'il » soit, qui ne soulève des plaintes; » il était tentant d'ajouter ce mot d'Arlequin dans une circonstance de sa vie :

Un jour, après une grande et sanglante bataille, livrée sous un théâtre de guerre fait en planches, Arlequin fut chargé d'enterrer les morts; les fosses s'ouvrent comme par magie, et, ramassant tout, morts, blessés, tout lui est égal, il y enfouit tout; mais ceux qui n'étaient pas encore tout-à-fait morts lèvent, les uns la tête, les autres les bras ou les jambes. Arlequin, qui craignait de ne pas en finir assez tôt, prend sa massue et les fait tous rentrer, non pas à cent pieds sous terre, mais sous le théâtre, sans distinction aucune, disant : *Si on les en croyait, on n'en enterrerait aucun.*

C'est à vous principalement, propriétaires de vignes, que ce mot pourrait s'adresser aujourd'hui.

ON A DIT encore à la tribune : « Les vignobles ont béné» ficié largement aux faveurs de la propriété par les dé» grèvemens. »

Réponse. Pour savoir ce qui en était, il fallait un répartiteur, on a pris un avocat. Si au contraire chacun eût été à sa place, et n'eût dit que ce qu'il savait, l'avocat se fût tu, et le répartiteur vous aurait dit que, dans tous les dégrèvemens, chaque culture a eu un bénéfice égal et proportionnel, sauf peut-être quelques exceptions locales occasionées par toutes autres causes que celles d'un dégrèvement.

On a dit qu'il y avait aujourd'hui, « 1,800 mille hectares plantés en vignes, qui produisaient 40 à 45 mille hectolitres de vin, » et il est convenu que la population de la France se compose de 32 à 33 millions d'habitans.

En traduisant ici pour un moment le nouveau style dans l'ancien pour être mieux compris par tout le monde, il se trouve, calcul fait d'après ce que j'ai dit ci-dessus à la naissance de ma barrique, que 2 millions 700 mille arpens auront produit, à peu de chose près, 18 millions de barriques de vin; ôtez-en ce qui s'exporte ordinairement, à peine restera-t-il une demi-barrique par individu.

Or, je le demande encore une fois à tous les fiscaux du monde de bonne foi, s'il y en a, d'où vient l'engorgement des vins dans les caves des propriétaires, si ce n'est de ce que ces fiscaux, avec tous leurs droits réunis, tiennent la dragée si haute aux consommateurs, que la moitié du temps ils ne peuvent l'atteindre.

CHAPITRE V.

Y A-T-IL QUELQUE MOYEN DE REMPLACER L'IMPÔT SUR LES BOISSONS, SOIT QU'ON LE SUPPRIME TOUT-A-FAIT, SOIT QU'IL SE SUPPRIME DE LUI-MÊME.

Tous les gens de bonne foi conviennent que les vignicul-teurs gémissent sous le poids intolérable d'un impôt énorme et vexatoire. Mais comme ceux-ci veulent avant tout la stabilité de la monarchie, qui ne peut aller, du moins provisoirement, sans cet impôt, ils ont tout dit, et le ministre des finances en a dit à peu près autant à la tribune, Qu'on nous donne le moyen de le remplacer. C'est, ce me semble, provoquer tous bons avis, et, à cet égard, promettre qu'ils seraient bien accueillis (4).

Cependant qu'on y prenne garde, ces sortes d'appels au public sont quelquefois dangereux. M. Necker, en 90, lors de la convocation des états-généraux, crut aussi devoir appeler toutes les voix au chapitre. Ce fut la tour de Babel, non pas la confusion des langues, mais celle des opinions, qui ne firent que s'entre-heurter sans arriver à rien, ou plutôt on sait ce qui en est arrivé.

Je n'aime pas non plus toutes ces commissions d'enquêtes si fort à la mode aujourd'hui, et sans lesquelles les ministres paraissent ne pas pouvoir ou ne pas vouloir faire un pas. Toutes ces mesures, toutes ces allures, un peu démocratiques, semblent ne pas convenir à un gouvernement monarchique, même constitutionnel. Car enfin les ministres, à qui il faut pourtant supposer quelque habileté, puisqu'ils sont du choix du roi, ne peuvent-ils pas faire par eux-mêmes ou faire faire par leurs agens, leurs bureaux, et par toute sorte d'administrateurs à leurs ordres, ce qu'ils font faire par des commissions d'enquêtes auxquelles ils donnent ainsi une sorte de légalité. C'est, selon moi, tendre à faire de la démocratie, sans y être obligé. La démocratie est déjà si envahissante !

Quoi qu'il en soit, soit que l'épidémie me gagne, soit que mon patriotisme l'emporte sur les inconvéniens que je viens de signaler, je ne puis m'empêcher d'indiquer au ministère quelques moyens de remplacement. Entre ses heureuses mains peut-être le cuivre deviendra-t-il or, pourvu qu'après cet or ne devienne pas à rien. Essayons :

1° La suppression des droits réunis : cette mesure entraîne aussitôt un gain de 22 millions que coûte son armée et son état-major;

2° *L'inventaire* qui mettrait un mois après la récolte, dans la cave du propriétaire, sur chaque hectolitre de vin 50 centimes d'impôt, terme moyen, entre les premières et dernières qualités. Ce nouvel impôt pourrait fournir 18 à 20 millions en remplacement, faisant attention surtout à ce que tout ce qui se consommait en fraude n'échapperait pas à l'inventaire. Les avis sont partagés sur l'inventaire. J'opposerai à ceux qui y répugneraient, et c'est le plus petit nombre, d'abord la nécessité, et ensuite ma proposition ne serait que de l'établir provisoirement, jusqu'à ce que le temps permît de revoir les sections et matrices de la contribution foncière, parce qu'il pourrait se faire qu'au moyen de la suppression des droits réunis, les vignes acquissent une augmentation de revenu net, laquelle augmentation, subissant à l'avenir, par la force du marc le franc, un surcroît d'impôt, ce surcroît d'impôt pourrait équivaloir, et, dans ce cas, remplacer l'inventaire. Ainsi le propriétaire de vignes, le négociant en vins seraient libres comme tous autres propriétaires ou négocians; ils seraient surtout délivrés de cette inquiétude qui ne les quitte jamais, d'être recherchés à tout moment par des commis; le vexatoire disparaîtrait, et il n'y aurait plus de saisies, de confiscation, ni d'amendes.

3° La suppression totale du cadastre (5), comme le système le plus absurde qui soit sorti du cerveau humain (non sous le rapport géométrique, nos géomètres sont parfaits), mais sous celui de l'égale répartition d'une imposition foncière, d'une juste évaluation relative des cultures et des qualités de terre. Il y a vingt-cinq ans que ce cadastre est commencé; il nous coûte déjà près de

200 millions, et il n'est pas à moitié fait; il nous faut donc encore au moins autant d'années et de millions pour son prétendu achèvement; et si l'on en vient jamais là, il faudra tout recommencer. Tout y devient caduc ou change tous les jours : cultures, valeurs, produits, débouchés, division des terres, terrains rendus à l'agriculture, disparition de landes, maisons démolies ou rebâties, anciennes usines détruites ou nouvelles reconstruites, parcs, jardins anglais créés ou abandonnés, routes ou canaux successivement ouverts, enfin toutes circonstances dont l'absence ou la présence augmente ou diminue subitement les revenus d'un pays; aussi tous les plans cadastraux sont-ils déjà et ne peuvent-ils jamais être, malgré tout le monde, que des réceptacles d'erreurs et de mensonges. Par exemple, en fait d'erreur peut-il y en avoir une plus grande, et qui même s'identifie plus avec la sottise, que celle de vouloir cadastrer spécialement les différentes cultures? N'est-ce pas vouloir fixer le caprice lui-même ou questionner ce qui souvent n'existe pas, que de faire porter une contribution fixe et directe sur des revenus variables, capricieux, souvent imaginaires, et qui paraissent ou disparaissent sans cesse? Les opérations du cadastre coûtent annuellement 6 à 7 millions; sa suppression contribuerait d'autant au remplacement que nous cherchons.

4° Rétablir partout la contribution mobilière comme elle était dans le principe. Un grand nombre de villes, Paris surtout, où cette contribution est si légère, ont voulu s'en affranchir plus ou moins au moyen de l'augmentation successive de leurs octrois sur les vins. C'était commode; c'était faire payer implicitement aux propriétaires de vignes, du moins en partie, leur entretien, leur éclairage, leur pavage, leurs trottoirs, etc. Au reste, ce rétablissement de la contribution mobilière dans son intégrité primitive ne serait, à vrai dire, que fictive à peu près, puisqu'un ménage consommant, par supposition, une barrique de vin par an qui aura payé 10, 15 et jusqu'à 55 fr. à l'octroi, en étant affranchi désormais, il y a à parier que l'augmentation de contribution mobilière que subirait en conséquence ce même ménage, n'égalerait pas ce qu'il payait à l'octroi.

5° Réduire, légalement toutefois, l'intérêt de la rente à 4 et quart ou 4 et demi par 100.

Ainsi on ferait contribuer aux charges de l'État d'un cinquième, septième ou dixième de ses revenus souvent usuraires, une classe de gens qui jusqu'à présent n'y ont contribué pour rien, au lieu de continuer d'y faire contribuer de presque tous leurs revenus une autre classe de Français assurément très-doux et très-soumis.

6° Ne pourrait-on pas trouver, au milieu de tant de matières imposables et qui ne sont pas imposées en France, quelques-unes susceptibles de l'être? En Angleterre il se perçoit 170 millions sur des matières qui y sont imposées et qui ne le sont pas en France.

7° Doubler, tripler, quadrupler, peut-être plus, les licences des débitans.

Cette augmentation serait peu sensible pour eux, attendu que l'absence de tous droits rendant les vins bien meilleur marché, il s'en consommerait bien plus, et la consommation tendrait d'autant à égaler la reproduction.

8° Ne pourrait-on pas encore glaner grassement sur les sinécures, sur les cumuls, et sur toutes les exagérations de traitemens?

9° Enfin ne pourrait-on pas encore, par quelque moyen, tendre à économiser le bois de chêne merrain, dont la valeur offre tous les ans une si effrayante progression; comme, par exemple, de favoriser le retour des barriques vides, entières ou liées en douves, au lieu de les laisser consommer souvent en bois de rebut, à Paris surtout; comme d'interdire partout l'usage de l'échalas de chêne, essence de bois si long à venir, et qui, pour la fabrication des barriques propres à contenir le vin, ne peut être remplacé par aucun autre. Cette sorte d'échalas peut être aisément suppléée par ceux d'acacia, de sapin, de châtaignier et de bois blanc. On sait bien que ce n'est pas le meilleur du bois de chêne qui se met en échalas; mais dans ce nombre il s'en trouve beaucoup de bon. En économie politique, autant il faut être sobre sur les produits qui n'égalent pas la consommation, autant il faut en user largement sur ceux qui l'outrepassent. Ainsi, par suite de mesures sages et efficaces, si on obtenait une réduction de prix, par supposition, de 2 fr. par barrique neuve, ce qui la mettrait à 8 fr. au lieu d'être à 9 ou 10 fr., il en résulterait que le revenu du propriétaire pourrait s'augmenter d'un sixième, sur lequel on pourrait encore glaner quelques millions au moyen du marc le franc, qui doit toujours suivre toute matière imposable.

CHAPITRE VI.

FIN DE L'HISTOIRE DE L'INFORTUNÉE BARRIQUE.

En supposant un moment admises les propositions que je viens de faire, même avec quelques modifications si l'on veut, quel pourrait en être le résultat? Le voici, je crois.

Les droits réunis supprimés, la barrique de vin qui se

livrait à 26 fr. au moment de sa vente, aura remonté supposé à. . . . . 40 fr.

La voiture, des bords des rivières à Paris. . . 10

Profit des négocians, commissionnaires, dépositaires et cabaretiers, environ. 29

Total de la valeur de la barrique de vin arrivée dans un cabaret de Paris, sans droits réunis. . 79 fr.

Tandis qu'avec les droits réunis elle est obligée de s'y vendre, comme on l'a vu ci-dessus, 168 fr.

A ce prix de 79 fr., la barrique de vin pourrait être dans ce cabaret à 7 sous la bouteille, au lieu d'y être comme aujourd'hui à 14 et 15 sous. La preuve en est que, dans toutes les guinguettes hors des barrières de Paris, le vin n'y vaut que 5, 6 à 7 sous la bouteille.

Ainsi le clos de dix arpens, au lieu de n'avoir rapporté à son propriétaire 63 à 65 fr., lui en aura rapporté 630 à 660, ou 10 à 12 fr. la barrique; ce qui, dans le pays natal de ma barrique, serait une grande prospérité, et la remettrait à peu près au taux où elle était avant l'existence des droits réunis. Ainsi il est probable que tant de celliers engorgés aujourd'hui se videraient, et qu'avec les moyens proposés, revus et corrigés par les gens de l'art, c'est-à-dire par des ministres habiles, le déficit du trésor ne serait pas très-considérable, peut-être même pourrait-il faire mieux encore que de disparaître.

Mais surtout le terrible témoin à charge (20 sous la barrique) que vous avez contre votre monstrueux système disparaîtrait; car enfin, il faut le dire, si le propriétaire de cette barrique est à Paris, il n'a pas de quoi y payer une barrique d'eau avec la valeur de sa barrique de vin, dont finit ici la lamentable histoire.

APPENDICE ET NOTES.

NOTE DE LA PAGE 6.

(1) Voyez cette troupe d'employés toujours armée, et toujours faisant *l'exercice*. A quoi est-elle continuellement exposée ? à battre ses concitoyens ou à être battue par eux. Déjà dans plusieurs parties de la France des rixes sérieuses, et même sanglantes, ont eu lieu entre des commis et des fraudeurs, auxquels se joint toujours le peuple ; on dit même qu'il y a eu des morts et des blessés de part et d'autre.

Dernièrement, à Bordeaux, des grêles de pierres ont assailli un bureau de l'octroi ; et pour le coup on a *cassé les vitres*, et des portes non ouvertes ont été enfoncées, un citoyen blessé d'un coup de sabre a été porté à l'hôpital.

Ainsi, aujourd'hui guerre ouverte est bien déclarée entre des Français. Voilà ce que c'est que de s'être mis en contradiction avec no mœurs nouvelles et avec la Charte, où la liberté et l'égalité sont s bien stipulées.

Prenez-y garde, *l'injustice amène enfin l'indépendance.*

Prenez-y garde, dis-je : le passé vous a assez avertis. Autant votre armée serait brave et valeureuse devant les ennemis de la France, autant il faut que vous y comptiez peu devant des Français. D'ici à la prochaine session, préparez donc tout pour que nous rentrions tous dans ce que veut la Charte, c'est-à-dire dans les voies de la justice distributive.

Ministres d'un roi en qui nous mettons tout notre espoir de salut, c'est à vous que je m'adresse.

NOTE DE LA PAGE 12.

(2) Voilà bien des délits dont la malheureuse barrique peut se rendre coupable en route. Et pour réparation d'iceux ou d'icelui, voici le code légal et correctionnel du fisc.

Amendes : depuis 100 fr. jusqu'à 300 fr.

Confiscations : la totalité de la chose, et en payer sur-le-champ la valeur, sinon tous les attelages sont saisis, et conduits en fourrière jusqu'à parfait paiement.

Et ensuite, voici comme se partage le gâteau :

Un quart pour le trésor ;

Un quart pour la caisse des retraites ;

Et moitié pour les commis et employés, qui gagnent bien le revenant bon de leurs saisies par les menaces, injures, quelquefois pis, qu'ils reçoivent souvent : aussi marchent-ils toujours armés jusqu'aux dents. Aimable institution, tant pour eux que pour le reste des citoyens !

Voilà le pays de la LIBERTÉ, où une seule denrée, à l'égal de mille autres, ne peut pas circuler librement; de l'ÉGALITÉ, où une seule culture, qui n'occupe que la vingt-cinquième partie du sol de la France, paie à elle seule autant que la moitié de la contribution foncière, dans laquelle elle-même est déjà comprise; et enfin, voilà le pays où devrait régner la plus parfaite moralité d'après ses belles institutions, et où la moitié des vins se consomment frauduleusement.

NOTE DE LA PAGE 14.

(3) Déjà on a annoncé qu'il y avait un déficit considérable dans la recette des droits réunis sur le premier trimestre de cette année.

Déjà, dans le Midi surtout, le prix du peu de vin qu'on y vend est saisi par les receveurs des contributions directes, faute par les propriétaires de vignes de pouvoir satisfaire à leur contribution foncière. dans quelques parties, les expropriations forcées se multiplient, faute encore par les propriétaires, ayant plus qu'il ne faut dans leurs celliers pour satisfaire à leurs engagemens, de ne pas pouvoir vendre, même au plus vil prix; dans quelques autres parties encore, les propriétaires offrent au fisc de lui abandonner leurs récoltes, c'est-à-dire la bête pour le dommage. Il serait sans doute heureux qu'il voulût bien les accepter, il comprendrait peut-être alors ce que c'est que d'être propriétaire de vignes avec ses droits : pour pouvoir vendre, il serait probablement obligé de se frauder lui-même ou de garder les celliers qu'on lui aurait abandonnés; et dans ce cas, il apprendrait encore ce que c'est que le soin continuel que demandent des celliers engorgés; rebattage, soutirage, consommation, remplissage, avaries, etc., il ne tarderait pas à savoir combien coûtent ce que sans doute il appelle des misères, lorsque le propriétaire manque le moment de la vente, ou qu'il est arrêté par l'excès des droits.

NOTE DE LA PAGE 23.

(4) Un honorable membre du côté droit vient d'émettre une opinion dans le journal des Débats du 29 juin, au sujet de l'impôt sur les boissons; je partage probablement son opinion à tout autre égard, mais non quant aux *modifications* qu'il propose d'apporter à la *perception de l'énorme impôt qui est si pénible pour les propriétaires de*

vignes, qu'un cri général s'élève contre dans toute la France; voici l'intitulé de son projet.

PROJET DE L'ADJONCTION DE PRIMES EN LOTERIE A LA PERCEPTION DU DROIT SUR LES BOISSONS.

M. D. suppose que *le goût de la loterie est tellement prononcé en France, qu'on pourrait l'associer à l'acquittement du droit sur les boissons. En admettant ce principe, on accorderait à tous les porteurs de quittances sur les boissons, de les échanger contre des billets de loterie de 100 francs, et après chaque année révolue, il serait procédé à Paris au tirage d'une loterie générale, et 5 millions seraient divisés, avec gradation, en 3,306 lots gagnans.*

Je n'examinerai pas comment un projet qui établit en France une seconde loterie, qui appelle 5 ou 6 millions de Français à y mettre, pourrait *être favorable à la morale et à la fidélité à l'acquittement de l'impôt*, et je ne vois pas comment *la fraude pourrait en être paralysée.*

Je ne m'arrêterai pas non plus à examiner quelles ont pu être les combinaisons de M. D. dans la conception de son projet; ce sera sans doute un bon esprit qui le lui aura inspiré; mais en aura-t-il aperçu la minimité et toutes les difficultés d'exécution?

Voici toutes celles que j'y aperçois, quitte à me répéter.

1° La continuité de l'administration des droits réunis serait toujours nécessaire, et elle est désormais impossible.

2° Frais de perception 20 et 25 pour 100, ce qui est révoltant.

3° Toujours même inégalité de répartition et de prélèvement, ce qui est diamétralement opposé à la Charte.

4° Impôt toujours vexatoire, ce qui fausse les promesses de nos princes.

5° Même fraude; la faculté de changer ses quittances contre un billet de loterie ne peut pas l'empêcher, puisqu'il y aurait même profit à la faire.

6° Enfin continuité d'une armée de 17,000 hommes sur pied toujours armés et toujours à l'exercice; de là nécessairement toujours mêmes persécutions, mêmes violences, et guerre continuellement ouverte entre des Français.

Au reste, M. D. ne propose une loterie que comme moyen auxiliaire; il donnerait bien plutôt, dit-il, son adhésion à un mode qui répartirait sur toutes les autres productions l'énorme impôt dont les vignobles seuls sont frappés; en cela j'ai le bonheur, et je m'en applaudis, d'être tout à-fait de l'avis d'un aussi honorable député.

NOTE DE LA PAGE 24.

(5) Pour le coup, j'aurai bien ici les libéraux pour moi. Voici ce qui a été dit dans une des dernières séances de la chambre par plusieurs membres siégeant à gauche.

M. Demarçay se plaint « du long espace de temps que l'on met à « confectionner la nouvelle carte de France. » Il demande que ce travail soit suspendu.

M. de Tracy répète et prétend « que cette nouvelle carte coûtera » 30 millions, et qu'elle ne sera pas terminée dans cent ans. »

M. Sébastiani dit « que l'évaluation est exagérée, puisqu'on y fait » entrer le traitement des ingénieurs-géographes, que l'on ne peut pas » licencier. » Et où serait donc la dépense, si elle n'est pas presque entièrement dans ce traitement? et pourquoi ne licencierait-on pas un corps dont on n'aurait plus besoin, en ayant toutefois égard aux services?

Enfin, M. Humann, rapporteur de la commission du budget, et par conséquent organe de tous les membres qui la composent, dit « qu'il » en sera de la nouvelle carte de la France comme du cadastre, qu'on » abandonnera après avoir dépensé beaucoup d'argent. »

Cette espèce de dialogue entre des députés bien marquans dans leur côté, ajoute un poids énorme à ma proposition de supprimer le cadastre; et dans ce cas-ci seulement je m'empare de leur opinion pour proposer d'ajouter encore aux suppressions indiquées celle des ingénieurs-géographes, dont les travaux si chers ne peuvent avoir de résultats que dans cent ans; toutefois ayant toujours égard à leurs services. Ainsi, cette double suppression aidant, on parviendrait peut-être à mettre de niveau les dépenses et les recettes, dernière chose à laquelle on pense en France. Aussi, à cet égard, la félonie est-elle complète; et ce sont les propriétaires de vignes qui en paient les frais.

FIN.

IMPRIMERIE DE H. FOURNIER,
RUE DE SEINE, N. 14.

www.ingramcontent.com/pod-product-compliance
Ingram Content Group UK Ltd.
Pitfield, Milton Keynes, MK11 3LW, UK
UKHW022159190726
13855UKWH00004B/1541

9 782013 045728